世界怪物大作戦Q2
エイリアン、
アセンデッドマスター＆
世界の神々
大図鑑
JOSTAR ジョウ☆スター
VOICE

JOSTAR
虹龍
Niji Ryu

ハロー！　スターシードたち！
ハロー！　ニューアースの住人たち！
YouTuber、
音楽・映像プロデューサーの
JOSTAR《ジョウ☆スター》です！

KINGJO

さて、今回の本は、タイトルの『世界怪物大作戦Q2エイリアン、アセンデッドマスター&世界の神々大図鑑』からわかるように、僕の最初の本、『世界怪物大作戦Q世直しYouTuber JOSTARが闇を迎え撃つ!』の第2弾となっています。

はやいもので、今回の刊行で5冊目の本になりましたが、実は、今回の本こそ、僕が前から温めてきた企画をカタチにした本です。

そう、エイリアンや高次元の存在であるアセンデッドマスターたちなど宇宙の仲間が勢ぞろいしたカラフルで楽しい図鑑のような本を前から作りたかったのですが、ついにそんな本がここに完成しました!

かつて、一度『世界怪物大作戦Q』においても、「地球と関わりの深いエイリアン13種」というテーマで、読者の皆さんにも馴染みがある代表的なエイリアンたちをご紹介しました。

けれども、今回は紹介するエイリアンの数をぐっと増やして、レアな種類のエイリアンを追加しただけでなく、かつて地上で肉体を持ち人間として生きた存在でありながら、現在は、もはや転生をすることなしに高次元から人類を見守るアセンデッドマスターたち、そして、歴史上や古来の伝説に出てくる世界を代表する神々たちをイラストとともに一挙ご紹介しています！

あなたも、ページをめくりながら、なぜかある存在に目が留まって理由もなく惹《ひ》かれたり、なんとなくピンときたりする存在がいるのなら、きっと過去の転生や宇宙での転生でご縁のある存在たちのはず。

もし、そんな存在に出会ったら、その存在をイメージしながら、意識的につながるようにすると、自分の中で眠っていたスターシードとしての本質がこれから開花するかもしれません。

そして、今回の本をさらに盛り上げてくれたのが、ゲストとして対談に登場してくれたスピ界を代表するワールドワイドな2人。

新進気鋭のスピリチュアル・インフルエンサーであり、人気YouTuberのエリザベス・エイプリルさんと、テリー・サイモンさんがチャネルするアセンデッドマスター、アシュタール。

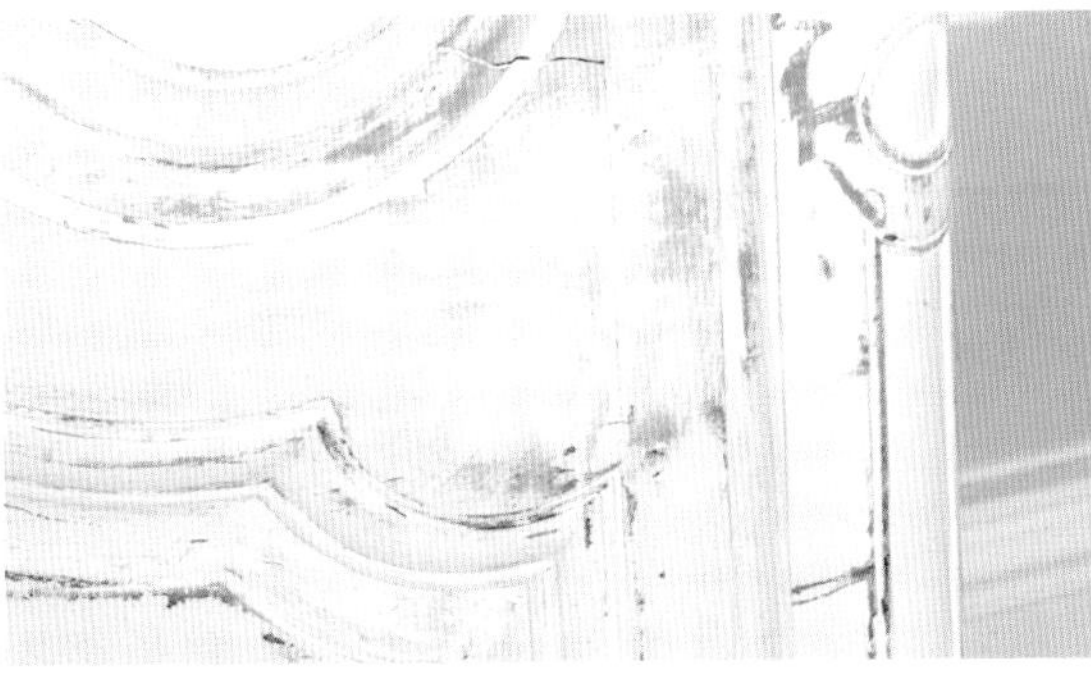

銀河連合とのミーティングにも参加しているという地球を代表するスターシードでもあるエイプリルさん、そして、11次元からやってきたアセンデッドマスターのアシュタールに今、この時代を生きているスターシードたちに向けてどう生きるべきか、などの質問を投げかけてみました。

　アシュタールとの対談においては、僕とアシュタールの過去のディープな出会いについても明らかにされ、自分でもあっと驚いたりする他、新たな発見もたくさんありました。

　宇宙のエキスパートである2人が語る最新情報は、読者の皆さんにも楽しんでいただけるのではないかと思います。

　さあ、それでは今から早速、宇宙の仲間たちに会いに行きましょう!

JOSTAR

11
11

# Contents



# Part I

## 自分のパワーを思い出して！あなた1人からでも世界は変えられる！

エリザベス・エイプリル
Elizabeth April
×
JOSTAR

# Part II

Cosmic & Spiritual Beings Collection

# エイリアン アセンデッドマスター 世界の神々 大図鑑

## 【エイリアン】

# Contents

## 【アセンデッドマスター】

## 【世界の神々】

Contents

# Part III

## 宇宙一のユートピア、地球を守ることがスターシードのミッション

テリー・サイモン
Terrie Symons
×
JOSTAR

Niji Ryu

# Part I

# 自分のパワーを思い出して！あなた1人からでも世界は変えられる！

# エリザベス・エイプリル

## Elizabeth April

チャネラー、サイキック、パブリックスピーカー、スピリチュアル・インフルエンサー、YouTuber。生まれつきスピリットやエネルギーを感じたり、他人の感情を感じ取ったりするなど超感覚的な能力を持っていたが、そのために生きることに困難を覚え、一度その能力を閉じた。16歳で再び能力を開花させ、以降は自身の能力をさらに磨きながら、世界中の人々に向けて、見えない世界の真実や目覚めのサポート、宇宙の存在たちからのメッセージなどを伝えている。著書に『You're Not Dying You're Just Waking Up』。YouTube チャンネルは、日本語版は「マカナ・スピリチュアル（Makana Spiritual）」、英語版は「Elizabeth April」で検索。https://elizabethapril.com/

# あらゆるスピ能力に長けた人気YouTuber、エリザベス登場

**JOSTAR**　はじめまして。ジョウ☆スターと申します。今日は、現在YouTubeなどでご活躍されていて、日本でもファンが多い、エリザベス・エイプリルさんをお迎えしました。このたびは、どうぞよろしくお願いいたします。まずは、この本を通して、エリザベスさんのことを初めて知る読者に向けて、ご自身の自己紹介からお願いいたします。

**エリザベス**　はじめまして！　エリザベス・エイプリルと申します。今年で30歳になります。私は小さい頃からエネルギーを見たり、感じたりする超感覚的な能力、

いわゆる超能力を身につけて育ちました。たとえば、亡くなった人の霊やスピリットなどと話すミディアムシップ（霊媒）や未来予知能力なども持ち合わせていますが、中でも、一番能力が高いのはクレアボヤンス（透視能力）で、霊的な視点でメッセージを受け取ったり、情報をダウンロードしたりすることができます。また、この次元を超えて、多次元にいる存在たちともコミュニケーションをすることができるので、エイリアンたちとも交信しながら、人類のためのメッセージを受け取り、それを皆さんにお伝えする活動をしています。

JOSTAR　とても多才なのですね！　エリザベスさんのYouTubeチャンネルを拝見しているとわかるのですが、他にもリモートビューイング、チャネリングなどいろいろな才能を発揮していらっしゃいますね。小さい頃からそのような能力にすでに気づかれていたのですか？

エリザベス　はい、そうです。両親が言うには、私はすでに2歳の頃には、見えない存在たちと交流をしはじめていたようです。ちなみに、兄にはこのような能力はまったくありませんでした。だから、私は小さい頃からちょっと〝ヘンな子〟として扱われ、学校へ上がっても周囲に順応できなかったので、友達もあまりいませんでした。やはり、私と他の子たちとでは、この世界に対する見方、関わり方がまったく違ったからです。

JOSTAR

それは大変でしたね。そのような環境の中で、他の人にはない特殊な能力とどのように向き合ってこられたのですか？

## 16歳で再び開花した能力

エリザベス　そうですね。まず、私は学校でもいじめられたり、周囲にもなじめなかったりしたことから、とにかく〝普通の子〟になりたくて、10歳ですべての能力をシャットダウンしたのです。でも、16歳になった時、父親が退行催眠を学んでいたので、父親から直接、過去生退行（ヒプノセラピーによる前世療法）のセッションを受けたことをきっかけに、再びすべての能力が目覚めることになりました。その時から、過去生や輪廻転生《りんねてんしょう》、共時性などについてのことも学びながら理解をして、30歳になる今まで、自分の持つ能力をさらに伸ばしてきたのです。

JOSTAR　そうなんですね。ちなみにエリザベスさんの場合は、そういったさまざまなサイキック能力の開発にクリスタルなどのツールを用いたりされていますか？　実は、僕はクリスタルが好きで、自分の部屋にはこんなにクリスタルのコレクション*があるんですよ（自分の部屋にあるクリスタルを画面を通して見せる）。クリスタルを並べて、ミニチュアのクリスタルの街みたいなものも作っています。僕の YouTube の視聴者さんからも、クリスタルはたくさんプレゼントしていただいたりするんです。未来の地球では、人類がクリスタルボディになる、ともいわれていますね。

## JOSTAR のクリスタル・コレクション

JOSTAR が集めてきたクリスタルのコレクション。
中には日本最大級のレムリアンシードのクリスタルも。

エリザベス

ワーオ、見事なコレクションですね！　最初の頃は、私もいろいろなツールを使っていました。たとえば、クリスタルも好きで、過去には水晶玉を覗《のぞ》いてリーディングする方法なども行っていたし、今でも、自宅の部屋のあちこちにクリスタルは置いていますよ（笑）。でも、今はそのようなツールを用いることはせず、ただ「トランスメディテーション（トランス瞑想《めいそう》）」のみを行っています。深呼吸で深いリラックス状態に入り、自分からエゴ（自我）を切り離し、宇宙の真実につながるという方法です。すると、どんな情報でも得ることができるんですよ。

## 地球にいるスターシードは全体の5~10パーセント

JOSTAR　すごいですね。もはや、ツールはいらないんですね。ところで、エリザベスさんこそ、まさに〝スターシード〟と呼べるような存在だと思われるのですが、ご自身はどこの星の出身なのか、わかりますか？　また、その時の星の記憶などあったりしますか？　たとえば、人間のオーラのエーテル体・アストラル体の層の中には、魂の過去の転生の記憶が500年分くらい含まれているともいわれていますが、銀河を含む記憶などあったりしますか？　その上で、今生においてエリザベスさんの地球でのミッションは何だと思われますか？

エリザベス　はい、まず、私自身は間違いなくスターシードだと思います。そして、私が最も共鳴する星はシリウスですね。また、オリオンやプレアデスとも強いつながりを感じています。また、おっしゃるように、オーラにはこれまでの全次元におけるすべての人生、過去生や未来生を含むすべての記憶が入っていると思いますよ。

さらに、私の今回のミッションですが、このような情報をなるべく多くの人々に発信しながら、地球の周波数を上げていきたい、ということです。先ほどジョウ☆スターさんが未来の人間たちはクリスタルボディになるとおっしゃいましたが、まさにその通りで、できるだけそんなクリスタライズ（クリスタル化）する新しい地球に移行できるように、との思いで活動をしているところです。

JOSTAR

そうなんですね。僕も今、まさに地球は次元上昇している最中だと思っています。日本にも次元上昇をサポートするスターシードたちがたくさんいると思っているのですが、改めて、エリザベスさんにとってスターシードとは何であるか、定義を教えてください。あと、現在の地球にはどれくらいのスターシードたちがいるかわかりますか？　将来的に、もっと目覚めてくる人も多いと思いますが……。

## 人類の4分の1が目覚めれば残りも目覚める

エリザベス

まず、私の定義するスターシードとは、次元間に生きる魂、つまり、「多次元に生きる魂のこと」で、地球の人類の波動を上げるためのサポートをするためにボランティアとしてやってきた魂たちのことです。そして今、地球にいるスターシードの数ですが、数字で表現するのは難しいのですが、地球の全人口の5~10パーセントくらいではないでしょうか。最終的には20~25パーセントくらいの数字に定着するといいなと思います。それくらいスターシードたちがいれば、人類全体の波動をもっと上げることができますからね。

JOSTAR　なるほどです。今、スターシードの数は、全体の5〜10パーセントくらいなのですね。実は僕は、もう少し数は多いのかなと思っていたのですが……。この数字には、まだ自分がスターシードだと気づいていない、つまり、眠っているスターシードも含まれていますか？　そういう人まで含めると、スターシードはもっといるのではないかと思ったのですが、いかがでしょうか。

エリザベス　いい質問ですね。ちなみに、銀河連合は、「地球の全体の4分の1の人口が目覚めれば、残りの人々も目覚めていくでしょう」と語っています。ということは、その4分の1に当たる人は、必ずしもスターシードでなくてもいいわけであり、地球で古くから転生している地球ベースの魂でもいいわけです。

JOSTAR　ああ、そういうことなんですね。地球ベースの魂でも高い意識で目覚めていれば、同じように地球の波動を上げていくことができるんですね。

エリザベス　はい、その通りです。私たちはそんな地球の魂たちのことも頼りにしているんですよ。彼らがもっと目覚めることで、私たちはマトリックスの中でのカルマの連鎖を断ち切ることができるのです。だから、スターシードだけでなく、地球由来の魂たちもこの覚醒の時代において、大きな役割を果たしているのです。

JOSTAR　なるほど。よくわかりました。では、次の質問ですが、当然、エリザベスさんもそうですが、スターシードと呼ばれる人たちは、宇宙の存在たちやアセンデッドマスターなど高次元の存在たちとチャネリングなどを通してコミュニケーションを取る人も多いですよね。これまでのエリザベスさんの体験から、彼らとのやりとりの中で何か面白いエピソードはありましたか？　また、その際に学んだレッスンなどもあれば教えていただきたいと思います。

# イエス・キリストの愛のエネルギーに包まれた体験

エリザベス

はい、私もこれまで何度もアセンデッドマスターたちと交流してきました。今、私が主に交流しているのは「光の銀河連合」という組織であり、彼らから多くの情報をもらっていますが、こうした宇宙の存在であるエイリアンとアセンデッドマスターとの大きな違いは、その波動にあると言えるでしょう。基本的に、アセンデッドマスターたちの方がずっと波動が高く、より大きな視点からの情報を与えてくれます。彼らは、なぜ私たちが存在し、どのような学びが必要なのか、などということをより大局的な視点から教えてくれます。一方で、エイリアンたちの方は、彼らの存在する次元の中での情報に留まってしまうので、波動的にもアセンデッドマスターに比べると低いです。実際には、エイリアンたちもまだ学び中というか、進化を遂げている最中ですからね。「光の銀河連合」の存在たちから教えてもらっている情報については、また後でお話ししますね。

JOSTAR なるほど。アセンデッドマスターの方が高い波動なんですね。

エリザベス はい。アセンデッドマスターたちは、それぞれが持つエネルギーや波動について教えてくれる存在たちです。ではここで、あるアセンデッドマスターとのエピソードを1つご紹介しますね。1年前のある日、当時、自分の揺れ動く感情のことで悩んでいた私は、その問題に取り組むために、川辺に瞑想をしに行きました。その場所で、私なりの答えを見つけようと、日記を手にして問いかけたのです。「純粋な無条件の愛を体験するにはどうしたらいいの？」と。

それは無意識レベルでの問いかけだったのですが、あるエネルギーが私のもとへ降りてきました。なんとそれは、イエス・キリストのエネルギーだったのです。私は信仰心の強い人間ではないし、その時は、神とつながろうと思っていたわけでもないのですが、イエスがアセンデッドマスターのライトボディの状態で私の前に現れたのです。彼は何も語りませんでしたが、ピュアな無条件の愛の波動を放っていました。そこには何のジャッジメント、エゴ、投影、怒りなどはなく、ただ愛のみがあるだけです。私はイエスの愛の波動に包まれて、彼の波動を感じながら、私の行く道もまだまだ長いな、と思ったものです。私たち人間は一生かけて、無条件の愛を目指す旅を歩んでいくものなのですね。

# すべての存在たちは皆、大いなるすべての一部

JOSTAR

なかなか深いお話ですね。ちなみに最近、僕のYouTube動画でもアセンデッドマスターのイエスについて語っているのですが、イエスにはジーザス・ヨシュアとジーザス・サナンダという2人の存在がいたといわれています。この2人は、同一人物、もしくは似た存在であるという説があり、この2人が日本を創生する時の様子が「虎の巻物（旧約聖書の巻頭にある文書という説があり）」という記録に残されているそうです。ご存じのように、キリスト教はいろいろな宗派に分かれていますが、カトリックの方はレプティリアンなどネガティブなエイリアンたちの影響を受けて堕落していったのではない

エリザベス

かと思いますが、一方でプロテスタントの方は、光側のヨシュアとサナンダがついていて、光と闇の間でスターウォーズのような宇宙戦争が繰り広げられてきた、ともいわれています。このようなお話はご存じですか？

まず、「虎の巻物」などの情報については、私はチャネリングなどで得ていないのでよくわかりません。でも、私はもともとカトリック教徒の家に生まれ、聖書にも触れて育ちました。だからこそ言えるのですが、いかにこの宗教が汚職に満ちていて、これまで世界を支配してきたかなどについてはよくわかっています。彼らは一見、善良な人々のふりをして悪事を働いてきた人々ですからね。あと、イエスについては、私はアセンデッドマスターとしてのイエスは１人だけしか知らないです。

でも、どちらにしても重要なのは、アセンデッドマスターやエイリアン、そして私たち人類を含むすべての存在は、「ソース（大いなるすべて）」の一部にすぎない、ということ。つまり、すべての存在たちは皆、同じソースから来ているということです。そして、確かに光と闇の闘いについても知っていますが、これからは、分離よりもユニティ（一体性・統一性）の方に向かっていく、ということにフォーカスをしていきたいですね。私も、特にこの部分について皆さんにお伝えしていきたいと思っています。

JOSTAR　確かにそうですね。僕もその考え方に賛成です。ところで、エリザベスさんのYouTube動画を見ていると、銀河連合で行われている会合に参加されているようですね。ちなみに、それはどのような状態で参加されているのでしょうか？　たとえば、夢を見ている状態とか、瞑想している状態などで参加しているのでしょうか？

エリザベス　まず、銀河連合とコンタクトする際は、深いトランス状態になり、そこから体外離脱をしてリモートビューイングをしながら銀河連合の母船とつながり、情報を入手していきます。かつては、この状態に到達するまでかなり時間をかけていたのですが、これまで10年以上の実践を経て、今ではほぼその瞬間につながることができるようになりました。彼らの母船は太陽系の中にあるので、こちらから彼らの方へと移動して、テレパシーでコミュニケーションをとるという感じです。

## 銀河連合は、〝宇宙政府〟のような組織

JOSTAR　なるほど、そうなんですね。ちなみに、この銀河連合という組織自体についても教えていただけますか？　どんな存在たちがこの組織に参加していて、

どんなアジェンダを持っているのでしょうか。

エリザベス　まず、銀河連合とは、全宇宙から、また、多次元宇宙から善意を持ったさまざまな存在たちが参加している組織です。彼らの目的は、宇宙を1つにすること。つまり、全宇宙に存在している数多の文明が宇宙の法則を守り共存するためのサポートを行います。いってみれば、「宇宙政府」みたいな存在ですが、もちろん、汚職や腐敗などはない組織ですね（笑）。彼らはまた、自由意志が守られるようにも働きかけています。人類のように輪廻転生をしながら肉体を持つ存在たちには、自由意志を持つ権利がありますからね。銀河連合のアジェンダとは、「全宇宙の存在たちが争いや不調和の中にあるのではなく、調和の中で共存できるようにする」ことです。

JOSTAR　宇宙を1つにまとめる政府のような組織なのですね。そんな銀河連合は地球について、何か計画を持っていたりしますか？

エリザベス　はい。彼らは今、地球と非常に活発に関わっているところですよ。なぜなら今、地球では大きな目覚めが起きつつあるからです。従来の社会のパワーバランスが変化していることで、私たちの波動が変わりつつあることに対するサポート、そして、地球が最も高次のタイムラインへ移行できるように、また、私たちが苦難に直面することなく、スムーズな目覚めを遂げられるようにという尽力もしてくれています。しかし、彼らは直接、私たちを助けてくれるわけではなく、一定の距離を保ちながら見守っているのであり、私たち地球人が自らの力を取り戻すための手助けを行ってくれているのです。やはり、宇宙では他の星に直接干渉してはいけない、というルールがあるからです。個人的には、もっと干渉してくれればいいのに、と思っているんですけれどね（笑）。

JOSTAR　本当にその通りですね（笑）。ところで、いわゆる「闇の勢力」については何かご存じですか？

エリザベス

はい、闇の勢力は確かに長い年月にわたって地球を支配してきました。これは他のチャネラーの方も同じことを言っていますし、古代の文献にもそのような記録が残されています。そしてこれに関して、最近になって初めて私たちは、自分たちこそ彼らに負けないパワーを持っていたことを理解しはじめているのです。何しろ、考えてみれば、彼らよりも私たちの方が人数では勝っていますしね。だから立ち上がって「ノー！」と言い、自分たちの権利を主張して、この地球に平等とユニティを取り戻すのです。これは、私たちにかかっているのです。これを個人レベルで、また、集合レベルで取り組むことで、自分たちが望むものを手に入れ、闇の勢力を追い出すのです。すでにこの動きははじまっていますが、でも、今後の道のりもまだ長いですね。

# エイリアンたちは独自の周波数で地球をサポート

JOSTAR　やはり、まずは僕たち人類がひとつになることが必要なのですね。ところで、銀河連合にはさまざまな種族が参加していると思われます。アルクトゥルス人、シリウス人、プレアデス人、リラ人などはいわゆる良いエイリアンだと思いますが、彼らは地球にどのような役割を果たしているかなどわかれば教えてください。

エリザベス　はい。エイリアンたちは種族ごとに独自の周波数を持っていて、それぞれの周波数によって地球における役割が違います。これはアセンデッドマスターたちも同様で、それぞれが違うレッスンを教えてくれるのです。たとえば、プレアデス人はリーダーシップが強いのですが、頭脳ではなくハートで人々を導いていくタイプです。だから、プレアデス系のスターシードは地球でもハートを大切にしながらリーダーシップを発揮しています。次に、リラ人ですが、もともとは戦闘的、男性的なエネルギーの強い種族で、かつて銀河で行われた「オリオン大戦」にも加わったことがあります。だから、彼らは好戦的ですし、リーダーシップもあります。今の彼らは地球上で行われている戦争や、スピリチュアルな次元での光と闇の闘いに対してサポートを行っています。

また、シリウス人は論理的で分析力も高く、テクノロジーにも秀でた種族であり、地球の社会的、政治的、文化的な問題などへのサポートを行ってくれています。アルクトゥルス人もシリウス人に似て論理的、分析力があり、高度なテクノロジーを持ち、人智を超えた知恵を授けてくれる他、私たち地球人が統合へと向かうためのナビゲートを行ってくれています。もちろん、他の宇宙人たちも人類が平等とユニティを取り戻すための手助けはしてくれていますね。

JOSTAR　では、ドラコ・レプティリアン、レプティリアン、オリオン人やグレイなどネガティブなエイリアンたちはどうでしょうか？　これまで、地球では人体にインプラントを行ったり、過去にはナチスへの協力などを行ったりなど悪事を尽くしてきましたよね。

## 銀河連合がレプティリアンに通達したこととは？

エリザベス

ネガティブなエイリアンの情報については、私がチャネリングで得たことをお伝えしましょう。まず、アヌンナキという種族が地球の創成期に人類の創造に関わってきましたが、レプティリアンはアヌンナキが地球にやってくる前の恐竜時代から、すでに地球に存在していました。彼らは高い知性を持ち、人類を長きにわたって支配してきたのですが、太古の地球でも、すでに進化した存在でもあったのです。そんなレプティリアンたちはアヌンナキが地球にやってきて遺伝子操作を行い、人類を創りはじめたことを歓迎しませんでした。なぜなら、彼らは人類という種がアップグレイドされていく様子に脅威を覚えたからです。

レプティリアンたちによる人類へのコントロールは、そこからはじまったと言えるでしょう。最終的にアヌンナキは銀河連合によって地球から追い出されましたが、彼らはレプティリアンたちに対しても、「人類の前には姿を現さないように」という通達を出したのです。その時から、レプティリアンは地球では表に出ず隠遁生活を送りながら、人間のふりをして、たくさんの悪さを行ってきたのです。今後、地球の波動が上がり、私たちの目覚めが進むにつれ、私たちはこのような事実を知っていくことになるはずです。そうなると、もはやレプティリアンたちにコントロールされたり、支配されたりすることもなくなるはずですよ。

JOSTAR

そうですね。レプティリアンたちもすでに地球からほとんど追い出されている、ともいわれていますからね。これも僕たちの目覚めが進んでいるということだと思います。個人的な感想ですが、たとえば、普通に通りを歩いていても、波動が上がってきているのがわかります。街並みや景色も少し変わってきてパラレルシフトが起きているのかなと思います。例を挙げると、ハイブランドのルイ・ヴィトンやグッチなどもリザード（トカゲ）やヘビの素材やマークなどを使った製品も姿を消してきている一方で、アルクトゥルスのシンボルであるツバメのマークがついた製品などを目にすることも増えてきました。こういった変化なども、地球の全体の波動が上がってきている証拠なのかもしれません。

エリザベス　そうですね。そうかもしれませんね。

## 今後は古い社会システムの崩壊が加速

JOSTAR　ではここからは、今後の未来のことについてお聞きしたいのですが、この本は2023年の1月に発売予定なのですが、2023年の1年間に起きそうなことを教えていただければと思います。

エリザベス

わかりました。では、まず、2023年だけでなくその翌年の2024年にかけてですが、この社会で腐敗したシステムがさらに崩壊の一途を辿《たど》っていくことになります。これは、この世界が良くなっていく前に、一度、徹底的に毒を出し切るためです。このような動きが世界中で、もちろん日本でも同様に起きていくでしょう。この現象は来年からというより、すでにはじまっています。特に、最も腐敗しているのが教育界、宗教界、そして金融界です。これまですべてのパワーが全体の1パーセントほどの〝影の政府〟、いわゆるエリートたちによって掌握されてきましたが、彼らが支配してきたシステムが崩壊していくのです。これによって、99パーセントの人々にパワーが明け渡されていくでしょう。現在の暗号資産（中央管理ではないシステム）や株式市場の状況を見ても、そのような状況が見て取れると思います。でも、繰り返しますが、物事が好転する前には、一旦、最悪の状況を迎える必要があり、それが今、起きつつあるということです。

JOSTAR　日本も含め、世界ではさらに世の中の不正や腐敗が明るみに出てくるということですね。今後の日本について、他に何か情報があれば教えていただけますか？

# 日本は他の国々の目覚めの手本となる

エリザベス　私のチャネリングによると、日本はいろいろな意味でパワフルな国だと言えるでしょう。もちろん、そのパワフルさは、そんなにはっきりと表立って現れているものではありませんが。日本はテクノロジーの面でも非常に進化を遂げているし、もともと自然と共生できる文化、社会を形成している国であり、日本にはスターシードたちも多いですね。私は日本こそが、「ニューアース（新しい地球）」の波動を体現している国であり、世界の他の国々に向けていい参考になる国だと思っています。実際に、日本以外の国はまだニューアースへ移行する準備ができていないようですしね。世界は日本から学ぶことがたくさんあると思っています。これには、あと数年間くらいかかりそうですが、いずれ、他の国も日本がどのように機能しているのかなどを学ぶことで、変わっていけるはずです。

JOSTAR

そうなのですね。日本にとって、うれしいコメントをありがとうございます。では、今後10年間に起きそうな地球レベルの大きなイベントなどがあれば教えていただけますか？

エリザベス　そうですね。私たちを取り巻くエネルギーもタイムラインも日々大きく変化していることで、未来にはさまざまな可能性があることから、確実なことを予言するのは難しいでしょう。けれども、はっきりしていることは先ほどもお伝えしたように、さらなる崩壊、カオスが起きてくるということです。中でも、最も差し迫ったものとして、世界規模の金融崩壊が起きるでしょう。もう1つは、大規模な太陽フレア（太陽の表面に見える黒点周辺で発生する爆発）が起きて、地球上の送電網のシステムが破壊されるかもしれません。確実にそうなるかどうかはわかりませんが、実際に太陽フレアの現象は増えているのも事実です。さらにもう1つ挙げるなら、電磁的なポールシフトが起きる可能性があります。現在、地球の電磁場がどんどん変化しており、そのために地震、津波、水位の上昇、山火事、猛暑や厳冬などの自然災害の現象も、これからさらに増えていくはずです。

JOSTAR　近い将来は、まずは、新しい地球への移行の前にそんなカオスの時期を乗り切ることが重要になってきますね。つまり、一人ひとりが意識的に目覚めながら、かつ心身共に健康でいることが必要になるわけですね。そのためにも、高い波動を保つべきであり、悪いエネルギーの影響を受けないようにしたいのですが、何か方法などはありますか？　自分自身のオーラをプロテクトするための具体的なワークなどがあれば教えていただけたらと思います。

## 闇を体験することも通過儀礼

エリザベス

わかりました。私もこれまでの人生において、自分をオープンにして生きてきたために、常にサイキックアタックを受けてきた方だと言えるでしょう。だから、自己防衛のためにいろいろな方法をお教えすることはできるのですが、実は、ダークなエネルギーに触れることも、1つの洗礼であり通過儀礼です。人生において、誰もが一度はダークサイドを経験すべきであり、その経験を通してこそ、光と闇の両方を理解できるようになるからです。

そして、その上で自分を守る方法があるとするならば、私が行っているのは、白い光に包まれるイメージで自分を守るという方法です。イメージの中で白い光の幅を広げて、自分の身体だけでなく、自宅なども光に包まれているのをイメージするのも効果的です。すると、その白い光の波動に合わないものは、すべて跳ね返されていくからです。

もう1つの方法は、闇のエネルギーを感じたら、それに対して、無条件の愛のエネルギーを送ってあげることです。彼らはこの無条件の愛のエネルギーをとても嫌がるのです。このエネルギーを嫌うあまり、結果的に自分も高い波動へとシフトしていくエネルギーもあれば、そこから逃げていくものもあります。これらが自分の波動を高く保つ2つのテクニックです。

ＪＯＳＴＡＲ　ありがとうございます。早速試してみます。次に、これからの時期を健康な状態で乗り切るために、エリザベスさんのおすすめする食事法などがあれば教えてください！

## 日々の「16時間断食」で健康をキープ

エリザベス　はい、わかりました。２つあるのですが、まずは、何を食べるにしても、あなたの目の前にある食事に愛と感謝を送ることが一番だと思います。肉であれ、魚であれ、ホウレンソウであれ、トマトであれ、自らの生命をあなたに与え、栄養を供給してあなたを生かしてくれる食材に感謝を捧げてください。2つ目は、断食を行うことですが、私の場合は、毎日「16時間断食ダイエット」を行っています。これは1日の24時間のうち、8時間の間に食事を済ませて、残りの16時間は一切食事をしないというとても簡単な断食法です。これによって私はスリムでいられるだけでなく、ここ数年、病気もまったくしておらず健康をキープできています。食べ続けることから身体を休ませてあげることも必要ですね。

JOSTAR

16時間断食ダイエットは日本でも今、話題になっていますね。日本には美味しいラーメンやお寿司などのパワーフードがたくさんあって、僕は今のところ断食はできていないのですが（笑）、そのうち、その方法も試してみたいと思います。次に、先ほどの波動を上げるお話に戻りますが、自分自身を整えるための、おすすめのサイキックツールなどはありますか？

エリザベス

そうですね。まず、ツールというよりエクササイズになりますが、瞑想はとても大切です。瞑想によって内観しながら心を鎮め、客観的に自分自身を見つめることが大事です。ヨガも全身のエネルギーを動かすという意味でとても効果的です。ツールなら、クリスタルもいいですね。グラウンディングもできるし、使い方によっては自身の能力アップも可能なので、激変する時代を上手く舵取りしていくための手助けをしてくれるツールになるでしょう。

JOSTAR

ありがとうございます。それでは、そろそろ時間になってきましたので、最後に日本の読者に向けてメッセージをいただけますか？

# 自分が持っているパワーを思い出して！

エリザベス

はい、わかりました。読者の皆さんは、何よりもまず、ご自身がどれだけパワフルな存在であるかということに気づいてほしいと思っています。今、世の中を見渡すと、腐敗したこの社会では悲惨なこともたくさん起きているし、闇を感じることも多いと思います。でも、あなたの現実はあなたが創造しているのであり、どんな人生でも自分で創りだすことができるのです。そのためにも、自分が何を望んでいるのかにフォーカスをしてください。自分が本来持っている力に気づき、あなたが夢に見ている人生を実際に歩んでほしいのです。なぜなら、あなたは、そんな人生を送る人に値するからです。

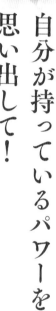

また、この世界は、たった１人からでも変えることができるのだ、ということも自覚してほしいと思います。

JOSTAR　パワフルなメッセージをありがとうございました。そういえば、エリザベスさんはまだ日本に来られたことがないんでしたよね？

エリザベス　はい、まだ日本へは行ったことはありませんが、いつか必ず訪問したいと思っています。

JOSTAR　ぜひ、そのうち、いらしてください！　日本へ来られた際には、僕が美味しいラーメン屋さんなどにお連れしたいと思います。

エリザベス　ありがとうございます。楽しみにしています。

JOSTAR　今日は、どうもありがとうございました！

エリザベス　こちらこそ、どうもありがとうございました！

11
11
EARTH MISSION

光と闇の混ざり合う
混沌の時代の今、ついに、
光の勢力と銀河連合が
勝利を収めた。

2万6000年の
宇宙サイクルが終わり、
今、新しい時代は
新地球アルスへ
次元上昇する。

# Part II

Cosmic & Spiritual Beings Collection

# エイリアン アセンデッドマスター 世界の神々 大図鑑

スターシードなら
知っておきたい存在たちが
勢ぞろい！

# 【エイリアン】

果たして、この銀河全体にはどれだけの数のエイリアンがいるの？　何万、何十万、いやもっともっと多いといわれているのが異星人たちの種族。交差するパラレルワールドを含めれば、きっと無限に近い数がいると思われるエイリアンの中から、地球と関係が深いエイリアンを一挙紹介！　かつて、『世界怪物大作戦Q』の本でご紹介した代表的な13種類のエイリアンだけでなく、今回はスターシードなら知っておきたい宇宙の仲間たちをグッドガイ＆バッドガイを含めて、まとめてリストアップ！　その姿や特徴、得意とするワザなどに、なんとなくなつかしさや共感を覚えたら、きっとあなたはその星からのスターシードなのかも!?

うしかい座α星であるアルクトゥルスの住人で、５次元〜８次元の生命体。地球の人類に癒《いや》し・ヒーリングのサポートを行いながら、アセンション（次元上昇）をサポートするミッションがある。争いを好まず、おだやかな性格で鋭い感性を持つ。繊細でセンシティブ。地球のアルクトゥルス系のスターシードは、医療分野や癒しの分野で活躍していることが多い。

45万年前の古代の地球にニビル星からやってきたアヌンナキは、金の採掘のために地球に降り立った最初の異星人であり、人類の起源になったエイリアンとされている。アヌンナキは「空から舞い降りた人々」という意味であり、シュメール伝説では「神々の集団」として紹介されている。人類を遺伝子操作で誕生させたように、生物・サイエンス分野に秀でている。

別名、「地底人」と呼ばれ、地球内部であるインナーアースの次元にいる存在で、地下都市のシャンバラに住んでいるといわれている。北極と南極にあるポータルからインナーアースへとつながっているが、現在はそのゲートはシールドされているらしい。アガルタンは、レムリアやアトランティス文明の時代から存在していたヒューマノイドタイプで光の存在であり、人類にはスピリチュアルなガイダンスとサポートを行っている。

# アルタリアン

Altarian

アルタール星系出身のアルタリアンはレプティリアンの種族の一種。ミッションは地球のアセンションの進化を遠くから観察し、モニターする役割を果たしている。レプティリアン系がすべてそうであるように、テクノロジーに強い。現在、彼らの星では内戦に巻き込まれているという。個人でなく種族全体としての集合意識を持っているといわれている。

## アルデバラン

## Aldebaran

アルデバランは、おうし座の中で最も明るい恒星の１つでもあり、種族としてはリラ星系の子孫でもある。アルデバランとは「後に続く者」という言葉を意味するとか。彼らのミッションは地球人を観察しながらガイダンスを導くこと。探求心が旺盛だが、ニュートラルで調和性のある性質を持つ。その姿はヒューマノイド型でありながら、西欧系の人種のルックスに近い。

## アンドロメダン
Andromedan

アンドロメダ銀河の住人であるアンドロメダンは、7次元に住む高い精神性を持った光の存在であり、人類をサポートするミッションがある。地球年齢で5000年も生きる長寿な存在。性格は自由を求めるトラベラーであり、縛られるのが嫌い。コミュニケーション能力が高く社交性がある。テクノロジーに強く、地球でアンドロメダに由来を持つスターシードは、IT系や発明家などが多い。

爬虫類《はちゅうるい》系の種族の１つであるイグアノイド。名前の通り、トカゲ科のイグアナのような風貌をしている。地球の権力を握り、支配をもくろむレプティリアンの下で彼らをサポートする関係にあった。マインドコントロールを得意とし、地球人たちを巧みに騙《だま》してきた。特技はマジックやおまじない、妖術を使えることだが、やはり、黒魔術なものが多い。

# ウミテス

## Ummites

ウミテスはウンモ星（乙女座の方角にある星）からやってきたヒューマノイド型のエイリアン。リラ星の子孫。彼らの役割は、地球が正式なコンタクトを行うための準備を陰から協力支援すること。リサーチ能力が高く、地球の周波数を常にチェックしながら、コンタクトに向けてのサポートのために調査を進めているという。

オリオン星を起源とするグレイは、地球ではアブダクション（誘拐）と人類の支配を目的にやってきたエイリアン。グレイにもさまざまな種類があり、すべてが悪者ではないものの、人類に脅威を与える存在であったことは間違いない。背は低く、大きな黒い目に小さな鼻と口、灰色の肌が特徴。テクノロジーに秀でており、マインドコントロールが得意。地球ではレプティリアンたちに従う存在。

# サンティニアン

Santinian

ケンタウルス座アルファ星出身のヒューマノイド型のサンティニアンは、まるで仏陀《ぶっだ》のように見える姿で黄金に輝く全身が特徴。身体全体からヒーリング効果のある金色のオーラを周辺に放ち、近くにいる者はそのオーラを浴びると癒しが起きるという。彼らのミッションは、地球人の保護とアシスト。サンティニアンのスターシードは、自然とゴールドのものを身に着けているという。

シリウス・スターシステムの住人であるシリウス人。人類の覚醒への導きや癒しをサポートすることで知られている。ヒーリング能力の高さでは、各種族の中でも随一といわれているが、それも高度に進化したテクノロジーがベースになっている。地球におけるシリウス系のスターシードは、ヒーリング関係他、記憶力、知性、思考力などを必要とする職業に就いている人が多い。

ゼータレクチル星出身。ゼータは、何種類もいるクローン系グレイの中でも、グレイのオリジナルの原型タイプのエイリアンであり、いわゆる「トールホワイト」と呼ばれていた種族。見た目はグレイそのものであり、アーモンド型の大きな黒い目に小さな鼻と口で、身長も100センチ前後と小型。グレイの中でも平和的な存在であり、地球の保護とガイドをミッションとしている。

ケンタウルス座を起源とするケンタウリアン。戦隊ヒーローのようなユニフォーム風のルックスが特徴。もともとは銀河探索を目的とする種族であり、現在は地球を外から見守りながら、アセンションに向けて人類の意識の目覚めを手助けするサポートも行う。癒し・ヒーリング能力も高く、人類にとっては指導者的立場といえるエイリアンでもある。

りゅう座を起源とする爬虫類系の種族。高度なテクノロジーをベースにして、地球でも遺伝子操作を行ったことで知られており、AIのテクノロジーなどにも関与していたといわれている。悪い種族ばかりでなく、人類をサポートする種族もいる。レプティリアンより地位が高く、高貴な存在で地球では王族・皇族系になったルーツもある。現在では、ほぼ地球からは脱出しているといわれている。

金星、またはリラ（こと座）を起源とするビーナシアン。５次元から８次元に存在している。ビーナス星人は、人類の誕生から進化にまで深く関わりサポートしてきた存在でもあり、人類の親戚のような存在。人類の精神性にも影響を与えた。地球でビーナスとは女神を意味したり、美の象徴でもあったりすることから、ビーナシアンのスターシードには美人や端正な顔立ちをした人が多く、美意識が高い。

## ビッグフット
Bigfoot

地球の別のパラレルワールドにいる存在で、4次元～6次元に住んでいる。地球ではネッシーなどとともに、「UMA(Unidentified Mysterious Animal)」、いわゆる「未確認生物」と呼ばれる存在でもあるが、もともとは、すでに破壊された星、マルデクという惑星からやってきた。ビッグフットは北米、ロシア、イギリスなどの山間部でもたびたび目撃情報などがあるが、彼らの住む次元とこの3次元の間を行き来している。

## ブルー・エイビアン

Ra-Teir-Eir

青い鳥の姿をしたヒューマノイド型のエイリアンで6次元に存在している。宇宙ではガーディアン（守り人）としてのミッションがあり、宇宙戦争が起きないように監視役を担うと同時に、地球が他の惑星から攻撃を受けたり、争いに巻き込まれたりしないようにモニタリングをして見守っている。米軍の機密プロジェクト「秘密宇宙プログラム（SSP）」に参加したコーリー・グッドが実際に会ったといわれている。

おうし座に位置する星団のプレアデスの住人、プレアディアンは５次元に存在している。ヒューマノイド型のエイリアンであり、地球人と外見も似て美形が多い。人類の進化と成長を見守り、スピリチュアリティの発展を担う。地球人にとって未来の地球人のような存在。ポジティブなエネルギーを基本とするが、地球に生きるプレアデス系のスターシードは、感受性が強すぎて孤独感を感じることもある。

こと座α星を起源とするベガ人ことヴェガン。ヒューマノイド型で地球人に置き換えると、黒い瞳に黒い髪のアジア人のようなルックスをしている（肌は褐色がかっているのでインド〜東南アジア人風）。古い魂を持ち、実際に東洋の伝統的な文化・芸術・学問にはベガに由来するものが多く遺されている。ベガ人のスターシードの特徴は、誇り高くカリスマ性があり、個性的。芸術分野に秀でた人も多い。

ペガサス座の住人、ペガシアンは５次元から８次元に生息するヒューマノイド型エイリアン。リラ星からの子孫たち。ペガシアンのミッションは人類へのガイダンスとサポート。地球の誕生時から人類を陰ながら見守ってきた心優しき性質を持つ。地球では馬に羽の生えた動物を意味するペガサスだが、人間のような風貌のペガシアンは、実は、人類の親戚のような存在。

カマキリ型のエイリアン、マンティスはその昆虫の形をした気味の悪い外見に似合わず、ヒーリングを得意とする種族で、中には偉大なるヒーラーもいるとされる。地球へはパラレルユニバースを通ってやってきた存在たち。地球時間で 5000 年も生きる長寿のエイリアンでもある。

# レプティリアン
## Reptilian

爬虫類系エイリアンの代表的種族。アルファ・ドラコニアンの中でも“悪さ”をする存在として知られ、宇宙全体で怖がられてきた。戦闘性を持ち征服欲が強く、本質的に破壊を好むが、知性も高くテクノロジーに秀でている。地球では、世界のピラミッドの頂点に立つ者や闇の勢力と呼ばれる人の中に潜んでいる。マインドコントロールが得意でシェイプシフトもできる。

# 【エイリアン】

# 【アセンデッドマスター】

「Ascended（上昇した）」の言葉通り、地上から天に昇った存在であり、高次元に存在するマスター（師）、かつ、聖人たちのこと。かつては地上で肉体を持ち、人間として生きたことがあるものの、現在は地上に転生することなしに高次元から人類を導いている。ここでは、代表的なアセンデッドマスターたちをご紹介。

## イエス・キリスト

いわずと知れたキリスト教における救世主であり、神の子と呼ばれた。いわゆる“神”という概念では最も地球で知られた存在。アセンデッドマスターとしてのイエス・キリストは宗教という垣根を越えて、人類に多くの奇跡や癒しをもたらしている。慈愛とゆるし、癒しを司る。

仏教の経典に登場する菩薩《ぼさつ》であり、慈悲・慈愛の化身ともいわれている。名前に「すべての祈りを平等に聞く」という意味があるように、観音（クアン・イン）は人々の苦悩や困難に手を差し伸べるという。アセンションの時代を迎えている今、多くの人に悟りと覚醒を導く役割を果たす。

慈悲・慈愛のマスター。純粋な愛で子どもたちの守護をする他、自身を愛し、育む大切さを導いてくれる。イエス・キリストの母でありナザレのヨセフの妻。ヨセフとの婚約中に聖霊によってイエスを懐胎し、ベツレヘムの厩《うまや》でイエスを産んだといわれている。

バイオレット・フレーム（紫の炎）でネガティブなエネルギーを燃やして浄化してくれるマスターで、マインドから解き放たれた自由を教えてくれる。中世を生きた不老不死の錬金術師、サンジェルマン伯爵であったともいわれている。マスターたちが操る７つの光線（セブンレイ）のうち、すみれ色の第７光線を担当。

意志・パワーの分野を司るマスターで、内在する神の意識をよみがえらせ、各々が持って生まれてきた「ブループリント（青写真）」を思い出させるサポートを行う。ヒマラヤ（インド）聖者であり、肉体を持たずに人類の意識の進化に貢献したといわれている。神智学協会設立者のブラバッキー夫人に大きな影響を与えた。イメージカラーは青。

サイエンスや物理の分野を司るマスター。癒しやヒーリングのマスターであり、また、人々を真実へと導くマスターでもある。アトランティスでは、真実の神殿でワークを行っていた。イメージカラーは緑色と金色。マスターたちが操る７つの光線（セブンレイ）のうち、第５の光線のオレンジ色（知識・科学）の光を扱う。

別名、クートフーミ。インド北部のカシミール出身でカースト階級の最高位「バラモン」の生まれで、近代神智学の礎を築き、「古代の知恵の大師」とも呼ばれる知恵・叡智《えいち》のマスター。かつて、ピタゴラスや聖フランシスとの姿として転生したともいわれている。マスターたちが操る７つの光線（セブンレイ）のうち、第２光線の黄色（叡智）を担当。

無条件の愛、男性性と女性性の統合・バランス、インナーチャイルドの癒しを司る。マスターたちが操る７つの光線（セブンレイ）のうち、第６光線の紫・金色（奉仕・献身）を担当。ツインソウルやソウルメイトをサポートするマスターでもある。

愛・調和を司る。エジプトの「黄泉《よみ》の国」を護る神だった。霊的指導者たちの結社「大白色同胞団（グレート・ホワイト・ブラザーフッド）」の一員でもあったという。マスターたちが操る７つの光線（セブンレイ）のうち、第４光線の白い浄化の光を担当。天へつながる扉の管理者で、アセンションを迎える今、人々の目覚めを促すサポートを行う。

# 【世界の神々】

世界各地には、古来から伝わる伝説・神話の中に宇宙を起源とする地球の歴史や、地球を治めてきた神々についての物語が多く存在し、今でも世界各地に遺る伝説の神々が現地の多くの人々にとって信仰の対象になっている。

『古事記』、『日本書紀』に登場する男神でイザナミの夫であり、アマテラスやスサノオたちの父神でもある。妻のイザナミとともに日本列島の生みの親として知られている。結婚の神、国堅めの神、生命の祖神でもある。

## スサノオ
―日本の神―

『古事記』に出てくる男神で、イザナギ、イザナミの子でアマテラスの弟にあたる。「スサ」は「荒れすさぶ」という意味から「嵐の神」という説もあるが「強い勇敢な神」として知られる。天上界の高天原を追放された後、出雲の国で大蛇を討伐して出雲の地を繁栄させた。

## アマテラス
―日本の神―

日本神話に主神として登場する女神でイザナギとイザナミの子。八百万《やおよろず》の神の最高位に位置し、天上世界を司る太陽神でもある他、皇室の祖神でもある。代表的な神社は伊勢神宮の内宮であり、全国の神社でも祀られている。

古代エジプトでは知恵・学問を司る神として知られる。鳥のトキ（または動物のヒヒ）のような頭部を持つ神。知識の中でも特に計算や記録分野に強く、暦や文字などを発明したともいわれている。

古代エジプト・ローマで崇拝されたエジプト神話における豊穣の女神。大地の神ゲブを父、天空の女神ヌトを母に持つ。兄のオリシスは冥界の神、弟（または兄）セトは戦いの神、妹のネフティスは葬祭の女神。

エジプト神話における天空の神で、ハヤブサの頭の姿に、太陽と月を両目に持っていたとされる。古代エジプトの王であるファラオはホルスの化身といわれ、地上の神（現《あら》人神《ひとがみ》）であり、この世の統治者であると考えられていた。

エジプト神話に登場する女神でライオンの姿の頭を持つ。太陽神ラーによって創られた破壊神・復讐《ふくしゅう》神であり、王の守護神でもあった。頭頂に赤い円盤を乗せているが、これは太陽の灼熱を表現している。

# ブラフマー
## ―ヒンズーの神―

ヒンズー教の創造神。4つの顔を持ち、それぞれの顔は四方を向いている。仏教では「梵天《ぼんてん》」と呼ばれる神でもあり、古代インドの聖典「ヴェーダ」においては、「神秘的な力（ブラフマン）」の源泉だとされている。

ヒンズー教の神で、その名前は「吉祥な者」を意味する。また、シヴァは「創造と破壊と再生」を司る神でもあり、ブラフマー、ヴィシュヌと並んでヒンズーの３大神として崇められている。

ヒンズー教の神で、サンスクリット語で「群衆（ガナ）の主（イーシャ）」を意味する。インドでは現世利益をもたらす神とされ、「富の神様」として人気と信仰を集めている。太鼓腹の身体に象の頭を持ち、4本の腕がある。

メソポタミア神話における最高神で天空の神であり、創造神でもある。シュメールではアン（An）という名前であり、アヌの両親、兄弟一族の神々を総称してアヌンナキと呼ぶ。

## イナンナ
―メソポタミアの神―

シュメール神話に出てくる母神。名前は“天の女主人”を意味し、金星を司っているといわれていた。その姿も美しく、豊穣と出産、愛の女神として知られていたが、同時に戦う女戦士でもあり、戦争の女神とも呼ばれてい

バビロニア神話に登場する男神で、バビロニアの国家神であり、バビロンの都市神でもあった。また、木星の守護神、太陽神、呪術神、英雄神など多面的な神格を持っていた。後に、大地・秩序の神であったエンリルに代わり神々の指導者となる。

あなたはこの「風の時代」である
ニューアトランティスで
3次元の「旧地球サラス」を選ぶ？
それとも、5次元の
「新地球ガイア」で生きる？
または、7次元の
「新地球テラ」で悟る？

もしくは、
すべてのパラレルワールドで
「新地球アルス」を体験する？
パラダイムシフトした
地球を行き来することも可能。

どんな選択も、
すべて自由！

# Part III

# 宇宙一のユートピア、地球を守ることがスターシードのミッション

# テリー・サイモン

Terrie Symons

形而上学ドクター。レディ・アシュタール。米国オレゴン州で生まれ育つ。大学卒業後、小中学校の教師をしていた 1991 年頃から本格的にアシュタールとのコンタクトがはじまり、以降、世界中の人々がアシュタールからのメッセージを受け取るために彼女のもとを訪ねる。2008 年に初来日以降、定期的に全国でアシュタールの愛と平和のメッセージを届けている。

# アシュタールは、金星からのアセンデッドマスター

JOSTAR　はじめまして。ジョウ☆スターと申します。今日はお会いできるのを楽しみにしていました。

テリー　ハロー！　はじめまして！　テリー・サイモンです！

JOSTAR　今日は、アシュタールをチャネルするテリー・サイモンさんをお迎えして、これからアシュタールとの対話を進めていきたいと思います。最初に簡単にテリーさんのことをご紹介しておくと、テリーさんは90年代初頭から本格的

テリー

にアシュタールとのコンタクトがはじまり、以降、世界中の人々にアシュタールからのメッセージを伝えていらっしゃる方です。日本にも何度も来られて、多くの人々にアシュタールの愛と平和のメッセージを届けているので、すでにご存じの方も多いかもしれません。それでは今から早速、はじめていきたいと思います。

OK! まず、私の方は深呼吸をして身体の外に抜けていきますので、しばらくお待ちくださいね。最初にアシュタールが私の身体の中に入ってきたら、まずは短いメッセージをお伝えします。その後に、具体的な質問にお答えしていきましょう。では、アシュタールとつながっていきましょう。

## テリーさんがアシュタールとつながる

アシュタール

愛すべき者たちよ。美しい祝福を！　愛と光の祝福を美しい者たちへ贈ります。今は、愛と成長の時代であり、また、皆さんのハートが宇宙に向かって広がり、その先に光が見えてきた時代です。美しい光が皆さんに降り注ぎ、輝いています。愛。皆さんは、愛の光によって、アセンデッドマスターや天使たちのもとに昇っていくことができます。愛と喜びと平和と調和。光の子どもたち、一人ひとりに祝福をお送りいたします！　今日、皆さんと一緒にいられることは私の喜びです。皆さんは心の中で「自分は、一体何者なんだろう……」「なぜ、自分はここにいるの？」、また、「アシュタールとは誰？」などといろいろな思いが交錯していることでしょう。そう、私はアシュタールです！　皆さんに祝福を贈ります！　それでは、愛しき者よ、質問をどうぞ！

JOSTAR

はい、よろしくお願いします。では、質問させていただきますね。まず、アシュタールさん自身についてのことをお聞きしたいのですが、アシュタールさんは11次元の金星からのアセンデッドマスターであり、かつ、宇宙船「スター・オブ・アシュタール」の指揮官であり、宇宙連合のアシュタール・コマンド（司令官）でもあるそうですが、宇宙におけるアシュタールさんのミッションを教えてください。また、アシュタールさんのいる金星とは、どのような星ですか？

アシュタール

はい、おっしゃるように私は11次元のアセンデッドマスターです。まず、アセンデッドマスターとは一度は地球上に生きていた存在です。アセンションを遂げるためには12段階のステップがあるのですが、私はその11段階にいるということです。また私は、金星においては、12次元のアセンデッドマスターでもあります。そして、この地球においては、仏陀、イエス、サナトクマラ、レディナダやエルモリヤなど、その他のアセンデッドマスターたちと1つの集合意識になっています。アセンデッドマスターたちは、〝神様〟と呼ばれる段階の1つ下のレベルにいる存在たちのことです。

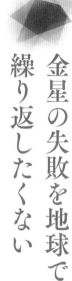

# 金星の失敗を地球で繰り返したくない

アシュタール

次に私たちのミッションは、皆さんに愛と光と知識を届けることです。今、現在の私の故郷、金星は岩の塊からできた惑星ですが、地球と同じように太陽の周囲を回っています。金星は、かつては、人間のように物質的な存在が住める環境でしたが、今では人が住めるような環境の星ではありません。私は、このこと（かつては人が住めるような場所だったこと）を言い続けてきたわけですが、最近、地球の科学者たちが金星のガスを分析して、かつて金星に生命が存在していたことを認めています。これは正しいですね。私が金星で暮らしていた頃は、皆さんの地球にも「宇宙開発プログラム」みたいなものがあるように、我が星にも同じような計画があり、私はその組織のトップ、つまり、コマンダー（司令官）の地位にありました。

かつての金星は非常に進化した星で、皆が愛のもとに生きていましたが、惑星を取り巻く大気のことについてはあまり気を配っていませんでした。当時の私たちは、テクノロジーが非常に進化しており、小型から中型、母船のような大型の宇宙船などで、金星から宇宙のあらゆる場所へ頻繁に出掛けていましたが、それはつまり、自分たちで自らの星の大気を破壊していたわけです。そして、そのことに気づいた時点で、私たちはすでに金星を離れなくてはならない状態にまでなっていました。そして、合計10機の宇宙船に乗り込み故郷を離れ、宇宙へと飛び立ったのです。宇宙船には自分たちの持ち物に加え、聖なる遺産の品々、偉大なる知識を詰め込みました。けれども、しばらくすると多くの者は宇宙空間に住み続けるのを嫌い、人が住めるようになった古代の地球に降り立ったのです。

さて、10機の宇宙船が降り立ったその周囲には、集落ができました。ちなみに、私もその時の金星人のうちの1人だったのです。けれども、多くの者たちは、再び宇宙を探索したくなり、また、宇宙へと戻っていったのです。その後、そんな彼らが、皆さんが「宇宙連合」、もしくは「銀河連合」と呼ぶ組織を作り上げたのです。計10機の宇宙船は、プレアデスの近くに集結すると、10機の宇宙船を1つに合体させて、小さな惑星と呼べるほど大きな母船を創り上げました。これを「スター・オブ・アシュタール（アシュタールの星）」と呼んでいます。私たちは、プレアデスの近くにしばらくいたのですが、今から100年くらい前に皆さんがアルクトゥルスと呼んでいる星の側に移動しました。

ちなみに、今の金星はどうなっているかというと、とても暑い星になってしまいました。皆さんが金星の調査をしようとしても、高温から身を護る術がないため、地上に降り立つことはできないでしょう。もし、たとえ降り立ったとしても、高熱ですべて燃やされてしまうので、何も残らない星です。こんなことをお話しすると、皆さんは、「アシュタール、自らの星を破壊しておきながら、地球人に向けて何を伝えようって言うの？」と思うかもしれませんね。でも、私は金星人と同じ過ちを皆さんには繰り返してほしくないから、こうしてお伝えしているのです。地球という星が、皆さんがずっと住める星であってほしいのです。

私の目的は、地球のスターシードの皆さんと共に活動をすることですが、ぜひ、一人ひとりが地球を守るという役割を担ってほしいのです。「ハートで生きる」ということは大事ですが、そんな生き方も皆さんにとっての地球という〝家〟があってこそです。そのためにも戦争を止める、環境破壊を止めること。地球は、あなたたちの子どものようなもの。だからケアをしてあげてください。地球という星の価値を認めてください。宇宙のどこへ行っても地球のような美しい星はないのですから。以上が質問の答えです。ちょっと長くしゃべりすぎましたね（笑）。

# 宇宙でユートピアのような星は地球だけ

JOSTAR　いえいえ、じっくりお答えいただきありがとうございます！　金星という星についてのことも、よくわかりました。アシュタールさんが地球人へメッセージを伝えてくれているのには、そのような背景があったのですね。

アシュタール　そうです。私がメッセージをお伝えする目的は、まずは、あなたたちに地球を守ってほしいからですね。先ほども申しましたが、いくつもある宇宙の中で、ユートピアのような美しい星は地球1つだけです。それなのに、皆さんはそのことを忘れて、エゴや物質欲に振り回され、地球とのつながりを失っています。あなたたちは本当に幸運なんですよ！　自分たちが住める星があるのですから。私にはないのです……。地球とは、地球自体が生きていて、成長し、進化している星でもあるのです。そんな稀有な星であるということに気づいてほしいのです。

そして、地球にも自らのミッションがあります。そのうち、皆さんは他の星にも物質的な生命体がいることを発見する日が来るでしょう。その生命体とはアメーバ状だったり、昆虫系だったりで、人類のような種ではないかもしれませんが、そんな生命体たちともコミュニケーションをする日がくるでしょう。今、皆さんの中には、すでに宇宙船を目撃している人もいますね。宇宙船にはさまざまな形状のものがありますが、それらを目撃することで、皆さんは「宇宙ってどうなっているの？」などと思いを馳せているわけですね。テクノロジーの進化した地球外生命体たちは、自分の宇宙船を透明に変化させたり、自らの身体の形を変えて人間の姿になったりすることも可能です。今では、すでに結構な数の宇宙人たちが、人間の姿をして地球上にいるのですが、皆さんはそれに気づかないだけです。

# アシュタールが日本人にアクセスする理由

アシュタール

また、私は地球に降り立った時にわかったのです。いずれ地球人も、私たち金星人のようにエゴを優先することで地球を破壊することになるだろう、と。だからこそ、これを防ぐために地球人をサポートすることになるだろう、と。つまり、私の地球へのミッションは、長～い、長～い、太古の昔にすでに定まっていたのです。もちろん、宇宙全体のシステムを維持することも私のミッションの1つなので、私はスターシードを目覚めさせるための活動を1940～50年くらいからはじめました。当時の世界は冷戦（西側諸国と東側諸国の対立構造）の真っただ中で、戦争もまた勃発しそうになっており（第二次大戦後）、人類は地球上の人類を抹殺できるほどの武器を造り上げた時代になっていたので、スターシードたちには目覚めてもらわなくてはならなかったのです。

こうして、日本という国には、大量にスターシードたちが生まれてきました。ですから私は、日本にいるスターシードたちに目覚めてもらう活動をしているのです。もちろん、世界中にスターシードはいますが、過去に国が壊滅的な打撃を受けた経験をしたのも日本だけです。そんな日本は美しい島国でもあり、その美しさはずっと維持されるべきです。日本の皆さんは、戦争で受けた痛みを理解しており、また、思いやりもあり、〝神様〟という考え方を理解できる人々でもあるからこそ、私はまず、日本の人々にアクセスして伝えているのです。高度なテクノロジーを持ち、ハートで生き、命の大切さを理解して受容性が高く、心の安定した人々である日本の皆さんは、今後、世界平和のための仲介役となり、各国がそれぞれお互いに尊重し合えるようにと働きかけられる人々です。日本人はキリスト教であれ、仏教であれ、どんな宗教を信じていようと、普遍的な意味での神=宇宙に対する深い理解ができる人たちであり、環境を含めて地球を良い方向へと導き、人々が未来永劫《えいごう》住めるような惑星へと働きかけていける人たちなのです。

JOSTAR

なるほど。日本人は、そのような大きな役目を担っているのですね。ちなみに、少し先ほどのお話に戻りますが、金星人が太古の地球にやってきたということは、人類はDNAの面では金星人の影響を受けているということになりますか。

アシュタール

はい。それは、また歴史をさかのぼるお話になるのですが、太古の地球には、すでにホモサピエンスという種が存在していました。そして私たちは、このホモサピエンスをもとに新たな種を創造していけることがわかったのです。地球のホモサピエンスが進化した理由の1つが、私たちのような美しい身体を持った金星人とホモサピエンスの間に交配を行ったからです。

だから、皆さんがDNAの解析をすると、数パーセントがどこの出身かわからないDNAがあったりするのです。たとえば、遺伝子の50%が日本系、25%が韓国系などと解析ができる中で、数パーセントはどこからの由来かわからない部分があったりしますが、その数パーセントこそ、実は、金星人のDNAだったりするのです。こんなふうに、地球人には金星の遺伝子を持った人がいるのです。私たち金星人は地球人とルックスも似ていますが、地球人より背が高くてやせ型で美形です。今の私は物質的な身体ではなく、ライトボディの状態です。

# アルシオーネ星で出会っていた JOSTARとアシュタール

JOSTAR

わかりました。ありがとうございます。美形が多いのは金星人の影響が強い人ということになりますね。そうすると、僕も自分自身がスターシードだと思っているのですが、僕の故郷の星はどこなのか、また、どこの星と関係があるか、などについて教えていただけますか？

アシュタール

わかりました。では、お伝えしましょう。実は、私とあなたは、太古の昔にすでに出会っているのですよ。また、あなたは、いろいろな星を訪れています。これまであなたは、他の星から地球へ来て学び、また、地球から他の星へ行ってまた地球へやって来る、ということを何度も繰り返してきました。あなたに影響が強い星は、シリウスAとB、アルタイル、ベテルギウス（オリオンの恒星）、リゲル（オリオンβ星の1つ）、レギュラス（しし座）、ケンタウルス、アルクトゥルス、プレアデスなど。また、金星やアンドロメダ銀河、その他さまざまな星々にもいたことがあります。そして、私とあなたは、プレアデスのアルシオーネという星で出会ったことがあるのです。

では、その時のお話をしましょう。アルシオーネ星にはある美しい公園があったのですが、ある日、そこでは偉大なるマスターたちが集まるお祭りが開催されていました。公園には、半円形のシアターやプレアデスの人々が集う寺院、また、白い大理石でできた4階建てのヒーリング会館の建物があり、そこでプレアデスのヒーリング技術が教えられていました。ちなみに、各惑星それぞれにヒーリング方法があるのですが、プレアデスのヒーリング方法が全宇宙で一番優れたヒーリング方法です。その日、私もお祭りを楽しむためにその場所にいたのですが、お腹が空いたので、その場でちょっとした食べ物を売っているお店へ立ち寄ることにしました。お店に向かう途中、ある1人の男性が目に入ったのですが、その男性がなんだか楽しそうにしていないのに気づきました。それがあなた、ジョウ☆スターさんだったのです。そこで、私はあなたに声をかけて、私たちは会話を交わすことになりました。

## 神官として生きたプレアデス時代のJOSTAR

アシュタール

当時のあなたは、プレアデスのヒーリングのティーチャーだったのですが、あなたの話を聞くうちに、私は感銘を受けたのです。そこで、その日の私は位の高い神官に会いに行く途中だったので、「あなたもご一緒しませんか？」と誘ったのです。すると、あなたも同行することになり、行く道すがら、あなたは、これまでの道のりなどをお話ししてくれたのです。そして、あなたという人を知ったことで、私たちは神官を訪問すると、その女性の神官に向かって、「あなたのお弟子さんに、この人はどうですか？」とあなたを推薦したのです。結果的に、あなたはその神官の弟子になり、やがて、あなた自身もその後、位の高い神官になって、「祭壇座」と呼ばれる「アラ星」には、名前の通り「天空の祭壇」があるのですが、その祭壇を守る神官になったのです。その後のあなたは、優れた神官として生きることになりました。

あなたはまた、地球へはレムリア、アトランティスの時代にやってきました。かつて、私と神官とあなたと3人で会っている時に、私はあなたに次のようなことを告げました。「あなたは、美しい青色の光を持っています。その光は、ある星のアセンションを助ける光です。その星の大地は金色に輝き、緑の森が大地から高くそびえ、クリスタルのような水が遠くに降り注ぎ、そこには虹がかかっています。その星は美しく、動物たちがいて、広大な水の中を泳ぐ生き物もいて、青と金色が混ざった羽を持つ動物たちが森から飛び立っていくのです。黄金の大地には2本足や、4本足の動物たち、時には足のない動物たちも住んでいます。人間は狩猟生活をして穴倉に食べ物を貯め込み生活をしています。食べ物が十分だとパワーが出るし、食べ物がないコミュニティの人々は食べ物を欲しがる、というような構造がありま す。

やがて、人間は権力を使うようになり、もっともっと、と欲しがるようになりました。自我が強欲になり、自分のいる場所の作物をすべて収穫し尽くしてしまい、動物たちの居場所は失われ、薬効のあるハーブも枯れてしまい、呼吸をするための酸素も消えてなくなりました。人間は大きな困難に直面しました。でも、人間の中には賢く創造性のある人々もいたので、問題を解消するテクノロジーを開発して、なんとか生き抜くことはできたのですが、結果的に、さらに多くの問題を生みだしてしまったのです。ついに、大気が破壊されて、美しい空はくすんだ色になり、澄んだ水は濁り、海は灰色になり、すべての生き物たちは死んでしまう」と。

## アシュタールから光の玉を注入されるJOSTAR

アシュタール　そこまで話し終えると、あなたは、「では、その星は破壊されてしまうのですか？」と質問しました。そこで私は、「はい。私たちが手助けしなければそうなるでしょう」と答えると、あなたは、「では、僕も助けたいのですが、どうすればいいでしょうか？」と言うので、「私にはそのための計画があるのですが、サポートが必要です」と答えると、あなたは毅然とした態度で「あなたをサポートします。自分は何をすればいいですか？」と聞いてきました。そこで、私は「私と一緒に来なさい」と答え、あなたのハートの中に星の種を入れたのです。そして、私はこれから長い間、あなたが守られるように、という設定をしたのです。あなたは地球という星に何度も転生することを望んだので、私はその転生において守られるようにしました。そして、「あなたがワークをする時が来たら、私があなたを呼びます」と告げたのです。そして、〝その時〟とは、今なのです。

さあ、美しいスターシードよ。今ここで、あなたを覚醒させました！　ようこそ故郷へ。あなたは美しい星で、百万の光を放っています。1つ1つの光があなたに変化を起こすきっかけになるでしょう。どうぞ、ハートに従って生きてください。あなたの真実を生きてくださいさい。リーダーとして、導いてください。ヒーラーとして、癒してください。多くの人があなたの助けを待っています。黄金の光を纏《まと》って歩き、地球が5次元へと移行することを手伝ってください。宇宙の普遍的な光があなたの身体を通り、その光を足裏から地球の中へと流すと、地球はそれを取り込み、その光は広がっていくでしょう。美しい光の子よ、我がスターシードよ、故郷へようこそ！　ここにスターシードが今、生まれましたよ！　さあ、スターシードが誕生した祝福のダンスを踊りましょう！

このお話をした理由は、それが真実だからです。そして、スターシードにとってこの青い星（地球）の物語は、地球を守るためにも特別な意味を持つからです。人類は先走りすぎました。かつて私が、「人類の暴走が食い止められない限り、地球は破滅する」と告げると、あなたは「地球を助けたい！」と言ってスターシードとして地球を助ける道を選んだのです。私たちが出会ったのはプレアデスのアルシオーネ星ですが、あなたのスピリットはシリウスAの影響が強いです。さて、ジョウ☆スターさん、ここまで聞いてどう思われましたか？

# 一人ひとりが地球再創造のために立ち上がれ！

JOSTAR　壮大な物語をありがとうございます。アシュタールさんとはそのような出会いとエピソードがあったんですね。ぜひ、ここでの再会を機に、自分の役割を果たしていこうと思います。また、シリウスの影響が強いというのも、もともと音楽をプロデュースし自分でも歌を歌うので、クリエイター気質のシリウスの影響が強いというのは納得です。

アシュタール

はい。加えて、プレアデスの本質も歌、踊りなどを通してヒーリングをするので、そのようなことも今後、体験するかもしれませんね。今、地球は愛を必要としています。考えてみてください。地球規模で樹木が伐採されていることで、酸素がなくなりつつあります。地中の鉱物、資源も取り尽くされ、ガンに効果のある天然ハーブも絶滅しています。今、地球上のすべての生命が危機に瀕《ひん》しているのです。だから、人間は今の生き方を変えて、新しい地球を創り上げるステージにきています。地球には愛が必要です。酸素の多くは海から発生していますが、その海を皆さんはゴミ箱のように扱っています。国によっては、海に大量のゴミを投棄して、海を有毒な場所にしてしまいました。このようなことはやめてください！

皆さんは、地球温暖化を叫び続けていますが、まずは今、自分たちがやっていることを止めるべきです。たとえば、森の中に入ると、ストレスから解き放たれ、気分が良くなってリフレッシュしますね。それは、酸素濃度が高いからです。皆さんが〝酸素バー〟に行くようなものです。ビーチでも同じです。潮風を吸い込むと身体が軽くなりますね。海も酸素濃度が高く、オゾンがたっぷりあるので、オーラの中にあるいらないものをデトックスできるのです。このようして、心身ともに健康で元気な状態でいられるからこそ、地球を癒せるのです。

スターシードの人たちは、「アシュタール、私は何をすればいいの？」とよくおっしゃいますが、その答えは、「何でもいいので、地球に関して情熱が持てることを行ってください」、ということです。スターシードの究極のミッションとは、「地球を守ること」です。その手段として、大地に植樹をするもよし、庭を作るのもよし、人々に意識を変えてもらう啓蒙《けいもう》をするのもいいでしょう。また、政治や教育のシステムを変える必要もあります。今、多くの子どもたちが飢えに苦しんでいますが、本来なら地球上には、まだたくさんの食糧があるのです。それなのに、飢えている人々にそれらが行き渡らないおかしなシステムがあるのです。こういったシステムを変えることもスターシードの役割です。繰り返しますが、地球はこの宇宙で唯一、人々がユートピアのように暮らせる星です。地球再創造のために、アセンデッドマスターや天使など光の存在たちと共に協力してください。皆さんの孫やひ孫たちがこの星を誇りに思えるような、そんな場所にするのです。このことを皆さんに促すのが私の役割です。

# 日本人のほとんどがスターシード

## 宇宙一のユートピア、地球を守ることがスターシードのミッション

アシュタール

また、この2022年の1月に「ユニバーサルゲート」が開きました。そして、このゲートが開いたことによって、宇宙の普遍的な愛と光が地球に降り注ぎはじめました。皆さんは今、このエネルギーを集めて、この地球を再創造するタイミングを迎えています。この時期に、アセンデッドマスターや天使など、高次元の存在たちが地球をサポートに来ていますが、これほどまでに彼らから応援されている時代はありません。彼らからのサポートを受け、個人レベルでのアセンションをはじめ、地球が五次元へ移行するアセンションに向けて働きかけるのが今、この時なのです。今は「風の時代」と呼ばれていますが、風を上手くキャッチして動いていく、ということが大切です。このようなことを聞いて、あなたは、どう思われますか？

JOSTAR

はい。今こそ、地球再創造の時代であるということがよくわかりました。僕も、自分なりに皆さんに働きかけていきたいと思っています。ところで、改めて今、地球上にどれくらいのスターシードがいるのでしょうか？　また、日本にはどれくらいスターシードがいるでしょうか？

アシュタール　本人がスターシードとしての自覚を持っているかどうかは別として、地球上には皆さんが想像する以上の規模の数でスターシードがいます。そして、日本人の場合は、そのほとんどがスターシードと言えるでしょう。ただし、スターシードだと自覚をしていない人たちも含んでいます。

JOSTAR　なんと、日本人は、そのほとんどがスターシードなんですね。たとえば、まだ自分がスターシードだと自覚していない人たちが目覚めるための方法などありますか。つまりそれは、この次元上昇の時期に自分をDNAレベルからアクティベート（活性化）する方法やエクササイズなどだと思うのですが、おすすめのものがあれば教えていただければと思います。

# 本当の目覚めには、アセンデッドマスターの「シャクティパット」が必要

アシュタール

そうですね。本当の意味での目覚めを行うためには、私の所に来る必要があります。先ほど、私は、あなたを目覚めさせるために、光の玉をあなたに向けて送りましたが（オンラインのZOOM上で）、実際に会って直接受けていただくと、さらに大きな変化があるはずです。私から光の玉を送ることで、あなたの周囲のカプセル状の殻が破れて、内側からスターシードとしての光が放射し、真の目覚めが起きるのです。ちなみに、目覚めにどれくらいのエネルギー（光の玉）が必要かというと、たとえば、私が画面（オンライ

ンのPCスクリーン）に向かって音と光を放出すると、私の背後に置いているクリスタルボウルにそのエネルギーが共鳴して、クリスタルボウルが勝手に鳴りだすくらい強烈なエネルギーです。

もちろん、自分で瞑想によって内側からスターシードに目覚める方法も可能です。おすすめは、「ガヤトリーマントラ（ヒンズー教の太陽神サヴィトリ神への賛歌）」を唱えること。また、「クリヤヨガ（自己鍛錬に努めるヨガで瞑想やマントラ、呼吸法を意識的に実践し習慣とすること）」の瞑想もおすすめです。ただしこれらは、あなたの周囲にあるカプセル（ブロック）を緩めるのには向いていますが、あなたの殻を完全に破り、あなたがスターシードとしてブレイクスルーするためには、やはり、私のもとへ来る必要があるのです。これまで、多くの方が私のサポートにより目覚めた場合、感情があふれて涙を流したり、全身に鳥肌が立ったり、心臓がドキドキするなどの反応とともに、自分でもはっきりと目覚めを実感して意識が大きくシフトしています。こういったレベルの目覚めは、自分1人では難しく、ふさわしい指導が必要です。

このようにして、スターシードとして目覚めた方の多くは、「懐かしい」という感覚を覚えるようですが、それは、「自分はアシュタールと一緒にいた」という感覚です。司令官としてのアシュタールやアセンデッドマスターとしてのアシュタールと共にいた感覚を思い出すということは、その人にとって、パワフルな経験になります。そして、各々が地球を癒し、地球がいつまでも居住可能な星であるための活動や、人類全体が愛のもとで生きられるようにというミッションに目覚めていくのです。

ちなみに、私はエネルギーの光の玉を注入する術を「シャクティパット*」と呼んでいます。通常シャクティパットとは、ヒンズー教のマスターが行っているものですが、スターシードを目覚めさせるためのシャクティパットとは、アセンデッドマスターでないとできません。過去に、〝自称グル〟とされる人がシャクティパットと称して、まやかしのワークなどを行ったこともあるので、世の中的に誤解されることもある言葉でもあるのですが、シャクティパットの本来の正しい意味は、「正しい師によるエネルギーアクティベーション」のことです。

*シャクティパット
サンスクリットの言葉で、ヒンズー教において「霊力の原型を与える」「弟子（学生）を目覚めさせる」、または「導師（グル）の行為」という意味がある。

# 他のアセンデッドマスターたちとの交流

JOSTAR　なるほどです。本当にスターシードとして目覚めるためには、アセンデッドマスターの力が必要ということですね。ところで、アセンデッドマスターであるアシュタールさんですが、他のアセンデッドマスターたちとコミュニケーションを取られたことはありますか？

アシュタール　はい。アセンデッドマスターと呼ばれているすべての存在と交流がありますよ。また、天使界の存在ともやりとりをします。たとえば、セントジャーメインとは、「どうやって人間たちのハートを癒すか」について話し合います。また、サナトクマラともコンタクトを取ります。実は、サナトクマラは私アシュタール、仏陀、イエスという別々の存在でありながらも、生まれ変わりのような形で同じ系列にある存在であり、中でもサナトクマラが最も古い時代に登場しました。最初にサナトクマラが太古の地球にやってきて、闇が支配する地球の状態を見て地球を救いたいと決心したのです。そこで、一度アセンデッドマスターの世界に戻り、一緒に地球をサポートする14万4000

人のスターシードを選んで、再び地球にやって来て彼らと一緒にサナトクマラとして働いたのです。もちろん当然ですが、スターシードの数は、今ではもっとたくさんいますね。

次に、イエスとは神の愛について話します。また、仏陀とは瞑想について、また、ハートから生きるということ、神と人間は分離していないということなどを語ります。仏陀は覚醒について、覚醒へ至るプロセスについても教えてくれます。このように、すべてのアセンデッドマスターたちは、この小さき者（テリーさん）を通して話をすることができる他、亡くなった先祖やペットともつながり、会話をすることもできます。そして、私アシュタールは、彼女がベストな状態でチャネリングができるようにと見守っているわけです。

JOSTAR　アセンデッドマスター同士でも交流があるのですね。わかりました。ありがとうございます。それでは、少し話題を変えて、今年ももう少しで終わりですが、来年、2023年に世界で起こりそうなことを教えていただけますか？　中でも、日本で起こりそうなことがあれば教えてください。今後、目覚める人が増えれば、だんだんといい時代になっていくのではないかと思うのですが、いかがでしょうか。

## 未来のことは心配しないで！　宇宙が味方についている！

アシュタール　わかりました。まず、私が未来を見るときには、現状を見ながらこの状態のまま未来へ移行するとどうなるか、という形で見ています。そういう意味において、今年の2022年をベースにして見ていくと、基本的にはあまり大きな変化はなく、現状維持という感じでしょうか。その上で世界的な動きを幾つか挙げるなら、2023年は、宇宙旅行をする人がもっと増え、地上においては、超高速鉄道も開発されるでしょう。海洋から新たな島が登場するかもしれませんが、大幅な海面上昇はありません。数センチレベルです。また、ロシアとウクライナの争いはこのまま継続し、北朝鮮は自分たちの武力を誇示するでしょう。金融市場・株式市場のクラッシュはありません。まだ、これから成長するでしょう。「株式市場が崩壊する」「海面上昇によって大陸が沈む」などと言う人たちもいますが、このような人たちは、皆さんに恐れを抱かせようとしています。アセンデッドマスターの私が言いますが、心配しないでください。大丈夫です。愛と光が皆さんを守っています。宇宙が味方についています。

次に、人々は、より家族の大切さを重視しはじめるでしょう。また、自然環境を大切にする意識の高まりを受けて植林事業なども増え、海洋ゴミなども減る動きになっていきます。日本に関してですが、日本人は地震のことが心配かもしれませんね。確かに、日本列島は地震活動が活発なエリアに位置していますが、来年に関しては、壊滅的な地震などはないので安心してください。ただし、休眠していた火山が活動をはじめるかもしれませんね。それは、富士山ではありません。

日本人は、〝生きている宇宙〟のような国民性を持った人々です。皆さんは自分たちで自覚している以上に、はるかにパワフルな存在です。だから、このことを認識できると、さらに皆さんの考え方や発言、行動がよりクリエイティブなものになります。神は自分の内側にあることが理解できれば、創造性もさらにスピーディーに発揮できます。それがこの地球を癒し、地球に変化を及ぼすのです。一人ひとりができることを行うことで、〝高次の平和〟が実現し、日本は愛が体現される場所になります。ハートから生きて、地球を再びユートピアにしてください。それが皆さんのミッションです。ぜひ、実現してください！　そのためにも神とつながる時間を持ってください。瞑想をしたり、祈ったりすることを習慣にすることで、個人の成長がすみやかに進みます。

最後に、ジョウ☆スターさんにお伝えしますが、神官であるあなたは、人々に真実・愛・光を伝えてください。また、一人ひとりが価値のある存在であるということも伝えてください。これらのメッセージはイエスも仏陀も私も同じように伝えていますが、あなたも皆さんが理解できる形でこれを伝えてほしいのです。ダライ・ラマが自ら行っているスピリチュアルの原則を生きることで、あなたにも多くの扉が開かれていくことでしょう。愛・慈悲・平和・ゆるし・感謝を伝えながら、広めていってください。

JOSTAR　ありがとうございます！　自分なりの方法でそれらを行っていきたいと思います。そろそろ時間になったようですね。

アシュタール　今日は、あなたにメッセージをお伝えできて光栄でした。

JOSTAR　余談ですが、ちょうど今、スクリーンに小さいクモが登場しました（笑）。

アシュタール　そうですか（笑）。そのクモは「自分を殺さないで」と言っています。クモは足が8本ありますね。これは、とてもスピーディーに動けるということを表しています。また、クモはクモの巣を作りますが、これは光・叡智・愛のウェブ（クモの巣）の象徴です。これはあなたに、このことを実現してくださいね、とメッセージを伝えているのです。

JOSTAR　なるほど。最後に、偶然とはいえ、また意味のあるメッセージをいただけました。それでは、このあたりで終わりたいと思います。今日はどうもありがとうございました。自分のことも含め、たくさんの情報をいただき、感謝しています。

アシュタール　こちらこそ、ありがとうございました。ジョウ☆スターさんをはじめ、この場にいてくださった皆さんに感謝を申し上げます。どうか皆さん一人ひとりが愛と光と真実を生きてくださいますように。皆さんに祝福を！

創造主としての自分は、
自分自身で生き方を選ぶ時代。
だから、「風の時代」に乗り、
最高のアセンションを体験しよう！

宇宙に存在するエイリアンや
恐ろしい怪物たち、
高次元のアセンテッドマスターたち、
地上の神々たち。

彼らはあなたの味方？
それとも敵？

どちらにしても、
光も闇も知る必要性があり！
これからの時代は
自分自身で切り拓け！

# おわりに

## ☆ニューアース、はじまる！

最後まで本書を読んでいただき、ありがとうございます！

新たな年、２０２３年が幕を開けましたが、今年は、ますます地球が次元のギアを上げながら地球全体の波動を上昇させていくようです。

そう、新しい地球、「ニューアース」はすでにもうはじまっているのです。

そんな時代が大きくシフトしていく中で、まだ眠れるスターシードたちも、どんどん目を覚ましていくはずです。

そして、それぞれが各々のミッションに気づき、自分なりに自分のできることを見つけて、アクションを起こしていくのだと思います。

今回の対談でも、金星からのアセンデッドマスターであるアシュタールは、「日本人のほとんどがスターシードである」と語っていましたが、現在、日本の人口の約1億2千万のほとんどがスターシードだなんて、かなり驚くニュースですね！

日本人は、目には見えない世界のことも抵抗なく受け止められる人たちであり、また、自然に対して畏敬の念を持つことができる人々だと思いますが、やはり、スピリチュアリティに対して意識の高い人が多いのもうなずけます。

また、エリザベス・エイプリルさんも同様に、地球の総人口の約5~10パーセントがスターシードであるとおっしゃっていましたが、ということは、約80億人のうち、おおよそ4~8億人がスターシードということになります。

11
11
EARTH MISSION

2人の意見を総合すると、現在、スターシードが地球上に約8億人いるとして、そのうちの8分の1が日本人であるなんて、ある意味、スゴイことです！

エリザベスさんのおっしゃった、「日本こそが、ニューアース（新しい地球）の波動を体現している国であり、世界の他の国々に向けていい参考になる国」という言葉は、日本人にとってとてもうれしいコメントでした。

これからのニューアースでは、スターシードたちが時代をリードしていくことになると思われますが、日本のスターシードたちが立ち上がることは、すなわち、自分たちの社会、国のためだけでなく、地球のためのリーダシップにもつながるというわけです。

本書を手にとってくださっている読者の皆さんもきっとスターシードのはずなので、ぜひ、エリザベスさんやアシュタールの言葉を胸に、自分なりに少しずつでもアクションを起こしていってほしいと思います。

もちろん、この僕もアシュタールから対談中に〝覚醒〟の光のエネルギーを送っていただいたので、アシュタールの願う、地球再創造を僕なりに実現していこうと思います。

ぜひ、読者の皆さんも、僕と一緒にスターシードの仲間として、共に地球再創造を行っていきましょう！

ジョウ☆スター

PROFILE

## JOSTAR ──

（ジョウ☆スター）

YouTuber、音楽・映像プロデューサー。YouTube のコンサルテーションも行う。東京都出身。アメリカ人の父親と日本人の母親のもとに生まれる。吉祥寺で育ち、学生時代はバンド活動に明け暮れる。「好きなことで生きていく」という YouTube の CM のコピーに影響を受け、2016 年からソロチャンネルを始動。現在は多くのチャンネルを運営中。仲間たちと出演する映画、『東京怪物大作戦』をプロデュース。YouTube では、日々世界中で起きるニュースを読み解くライブを配信中。著書に『世界怪物大作戦 Q 世直し YouTuber JOSTAR が闇を迎え撃つ！』『THE X-MAN FILE Q あの「X- ファイル」の主人公と世直し YouTuber が真実を暴く 最高機密ファイル』『シリウス意識アドロニスから人類へのラスト・メッセージ』『銀河連合 GOMQ 宇宙の覚醒プロジェクト始動！』（ヴォイス刊）など。

Elizabeth April

## エリザベス・エイプリル

チャネラー、サイキック、パブリックスピーカー、スピリチュアル・インフルエンサー、YouTuber。生まれつきスピリットやエネルギーを感じたり、他人の感情を感じ取ったりするなど超感覚的な能力を持っていたが、そのために生きることに困難を覚え、一度その能力を閉じるが、16歳で再び能力を開花させる。以降は自身の能力をさらに磨きながら、世界中の人々に向けて、見えない世界の真実や目覚めのサポート、宇宙の存在たちからのメッセージなどを伝えている。著書に『You're Not Dying You're Just Waking Up』。YouTubeチャンネルは、日本語版は「マカナ・スピリチュアル（Makana Spiritual）」、英語版は「Elizabeth April」で検索。
https://clizabethapril.com/

Terrie Symons

## テリー・サイモン

形而上学ドクター。レディ・アシュタール。米国オレゴン州で生まれ育つ。大学卒業後、小中学校の教師をしていた1991年頃から本格的にアシュタールとのコンタクトがはじまり、以降、世界中の人々がアシュタールからのメッセージを受け取るために彼女のもとを訪ねる。2008年に初来日以降、定期的に全国でアシュタールの愛と平和のメッセージを届けている。

# の活動が続々登場！

映画『世界怪物大作戦 Qa』完結作品として、
『魔法探偵エクスタシード』制作開始！

2023年新作本
『宇宙の王様』制作決定！

「RAY
PROMO TV」
も好評撮影中！

# JOSTAR
# プロデュース

好評のシリーズ映画、
『怪物大作戦』も完結編を迎える他、
JOSTAR の活動もタロットリーディングの
セッションを開始するなど、
どんどん拡大中なので要 Check!

JOSTAR による
「タロット
リーディング企画」
を随時開催中！

日露合同映画、
『歳三の刀』に
特別出演！

# JOSTAR公式グッズ

## 「新地球アルス」の鍵ペンダント（星型台座付）

JOSTAR のラフスケッチからオリジナルペンダントを制作！
「アルス」とは、宇宙言語で“新しい地球”という意味。
今後、「古い地球（サラス）＝悲しみの地球」から「新しい地球（アルス）」に移行するといわれているようですが、新地球アルスに移行する鍵はあなたのハートにあり！
ペンダントをあなたの胸＝ハートにあたる部分にヘッドを置くと、ハートの空間が浄化されて、真の自分自身が開花するはず！

ペンダントは、宇宙を表す８角形に調和の六芒星と地球を表す五芒星を組み合わせ、中心にはゼロ磁場発生コイル（丸山式コイル）をテラヘルツ・パウダーの入ったオルゴナイトで包み込みました。キラキラ光る黄金は邪を払いオーラを輝かせます。
「新地球アルスの鍵ペンダント」セットを自分の部屋などに置いて祭壇風にレイアウトして、自分だけの特別な空間を作るのもオススメ！

# 世界怪物大作戦 Q2

## エイリアン、アセンデッドマスター＆世界の神々大図鑑

2023 年 2 月 15 日　第 1 版第 1 刷発行

著　者　JOSTAR
エリザベス・エイプリル、テリー・サイモン（特別ゲスト）

編　集　西元 啓子
通　訳　鏡見 沙椰（エリザベス・エイプリル）
島田 真喜子（テリー・サイモン）
イラスト　那波 ナオキ
校　正　野崎 清春
デザイン　小山 悠太

発行者　大森 浩司
発行所　株式会社 ヴォイス　出版事業部
〒 106-0031
東京都港区西麻布 3-24-17 広瀬ビル
☎ 03-5474-5777（代表）
📠 03-5411-1939
www.voice-inc.co.jp

印刷・製本　株式会社　シナノパブリッシングプレス


ISBN978-4-89976-542-4